2003 copyrite

craig ریـ چارد مایـ کل

از تـ صویـ ر هیچ ا ست محـ فوظ حـ قوق all ا ست، ممکن چون ذمـ یدوذم رو ک تاب ایـ ن زمـ یـ نهای سـ یـ سـ تم، یـ ك در شده ذخـ یره وجه، هیچ بـ ه شده مـ ذ تـ قل یـ ا شده فـ روخـ تـ فـ ر صـ تی، مـکاذ یـکی، الـ ک تروذ یـك، اجازه بـ دون ایـ ذ صورت، غـ یر در یـ ا ضـ بط ذوی سـ نده از کـ تـ بی

;ا ست انـ گـ یز شـ گـ فت ام ویـ ژه سـ پاس بـ ا

!کارول هـ سر آور، حـ یرت و نـ کردنـ ي بـ اور

بـ ه اعـ تماد و شما حـ ضور و شما حمایـ ت

ها بـ چه ما چون ا ست من بـ ا من در نـ فس

می من از تـ ر پـ رارزش من بـ رای بـ ود

.کـ ند بـ یان تـ وانـ د

از امـ ثـ له و ها واژه

.کـ رگ ریـ چارد مایـ کل

1 2

5 6

9

3 4

7 8

10

ز ا ىكي

1

قم ح ا

ه ر ه چ

MRC

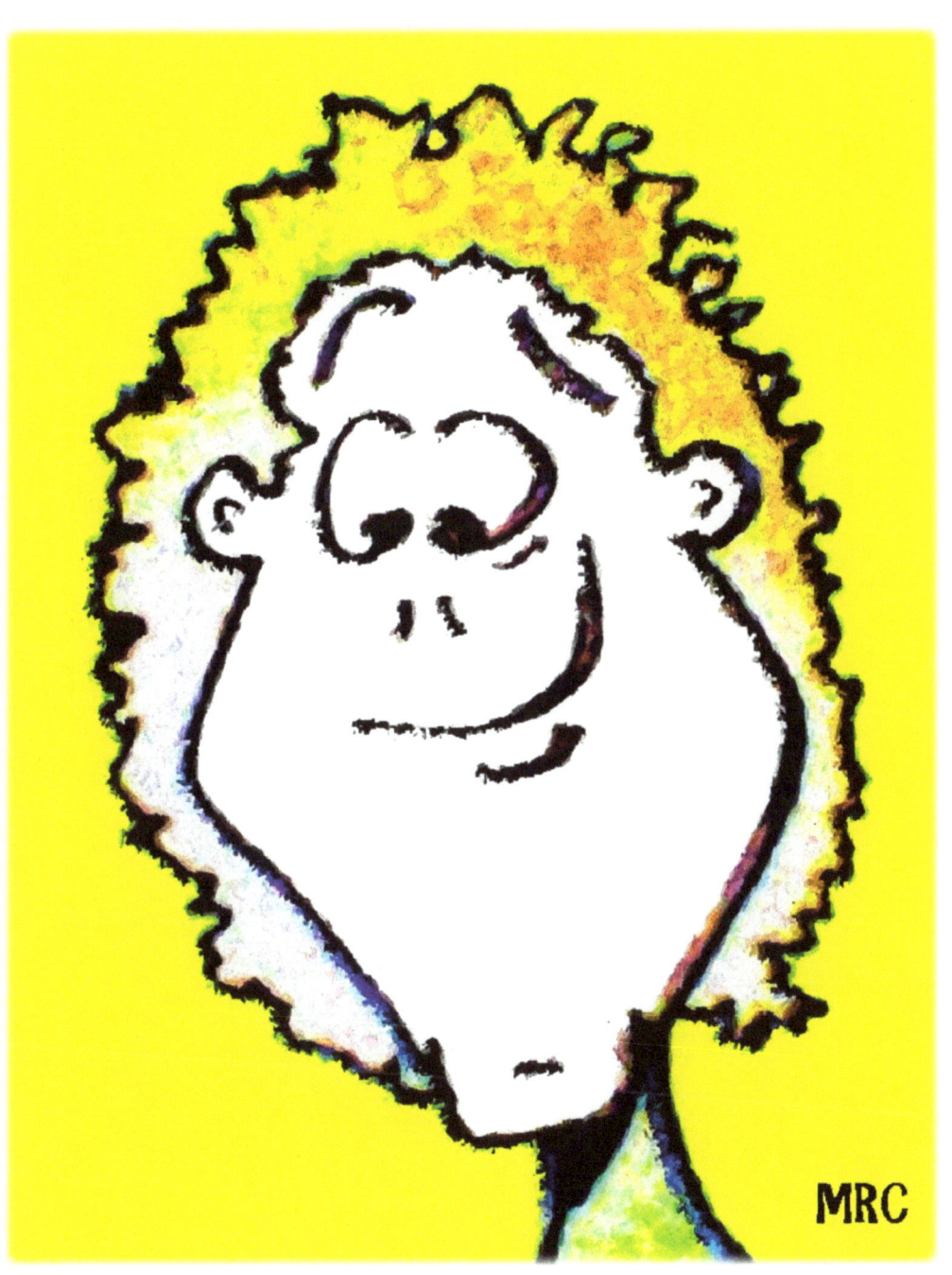

و د

2

ق م ح ا

ا ه ه ر ه چ

ه س

3

ق م ح ا

ا ه   ه ر ه چ

ر ا ه چ

4

ق م ح ا

ا ه ه ر ه چ

پ ن ج

5

ا ح م ق

ج ه ر ه ا

شش

6

ق م ح ا

ا ه   ه ر ه چ

تفه

7

قمح ا

اه ه ره چ

ت ش ه

8

ق م ح ا

ا ه ه ر ه چ

? ا ه

و

ق م ح ا

ا ه ه ر ه چ

ده

10

قمح ا

اه ه ر ه چ

پایان.

خوب

است!

مجموعه از كه هس ت ند ها چهره اي ن

ري چارد ماي كل هاي چهره از ب سد ياري"

ک رگ"

ب ه ج لد ده در ا ست ب اری اول ين اي ن

صد احمق شمارش ت نظ يم ن يزماند ند .

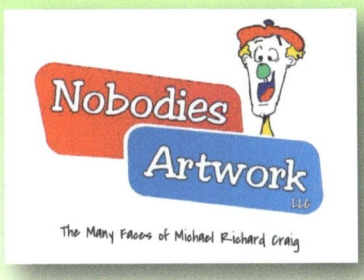

Nobodies Artwork LLC

The Many Faces of Michael Richard Craig

Nobodiesinc@yahoo.com

TeeGeeBeeTeeGee

www.ingramcontent.com/pod-product-compliance
Lightning Source LLC
Chambersburg PA
CBHW041119180526
45172CB00001B/335
* 9 7 8 1 4 8 2 0 4 0 4 9 4 *